CHEMISTRY DETECTIVE KING
化学侦探王
度假村奇遇

吴殿更　著

湖南教育出版社

·长沙·

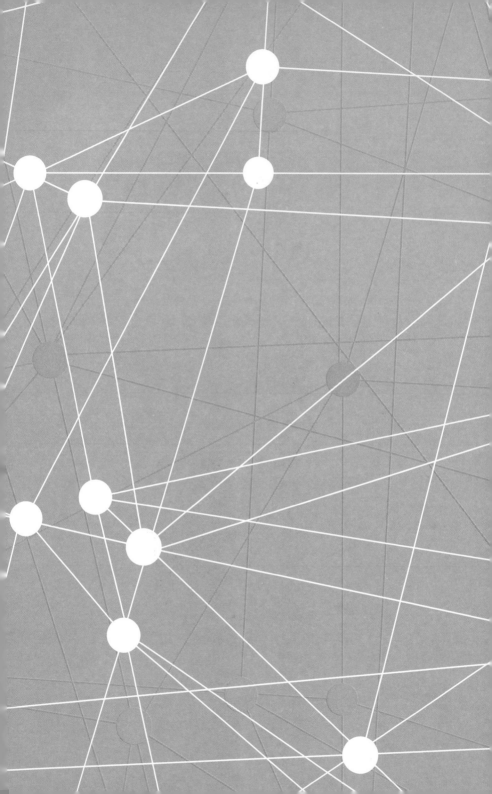

故事发生在 H 市，这是一个美丽的海边小城。主人公路建平、申筝奕和尤勇齐都是 H 市中学八年级（3）班的学生。他们因为联手解开了学校里的几个谜团，被同学们称为"少年侦探团"。上学期间，他们遇到了一个又一个离奇的案件，也由此开启了一段段惊险刺激的"破案之旅"。

路建平

少年侦探团成员。受父亲的影响喜欢研究化学，擅长透过表面现象分析事物本质。

申筝奕

少年侦探团成员。希望长大后当警察。古灵精怪的小脑袋里总有一些奇思妙想。

尤勇齐

少年侦探团成员。别看他头脑好像不灵光，却经常可以在关键时刻误打误撞得到一些意外收获。

目录
CONTENTS

晚宴风波 1

晚风拂过椰林，带来了海边特有的咸涩和潮湿。阴沉的云层遮住了星星和月亮，天色如墨，渗不出半丝光线。

海浪越卷越高，一波接一波重重拍在码头停靠的一艘游艇上，晃动的船身**昭示**着台风即将来临。

与漆黑天色形成鲜明对比的，是不远处**灯火通明**的几幢建筑物，悠扬的乐曲声刚从建筑物里传出便被海风吹散了。这是一座**风景秀丽**的海岛，离陆地并不遥远，H市最出名的休闲胜地——云端度假村就建造在这里。

半年之前，云端度假村就开始暂停营业，进行装修升级了，直到今天才迎来重新开业后的第一批客人。

不过，这并不是正式营业，而是度假村的主人李毅凯以庆祝云端度假村再度开业为由举办的一场晚宴。宴会邀请了 H 市的商界精英们。

这段日子以来，所有 H 市的商人都以收到宴会邀请函为荣。因为李毅凯手握 H 市环线开发项目的前期核心资料，所以他如今在 H 市称得上是*炙手可热*的人物。每个受到他邀请的人都很开心，哪怕是傍晚的台风预警，也没有影响众人的好心情。

尤达丹作为 H 市商界的*中流砥柱*之一，自然

也受邀前来。

能到海岛上游玩，更别提还是**久负盛名**的云端度假村，尤勇齐自然不会错过这个机会。他不光自己来，还把路建平和申筝奕也带来了。反正他们也**闲来无事**，抱着放松一下的想法，一起来参加了宴会。

晚宴举办的地点在度假村的宴会中心，这里灯火通明，看起来十分热闹。

尤勇齐端着一大盘食物从自助餐台溜回了休息区。他把餐盘放在桌子上，不耐烦地**扯了扯**脖子上的领结嘟囔着："真麻烦。"

同样身着西装的路建平有些心不在焉地揉着桌布。在一旁托着下巴的申筝奕身穿礼服长裙，不失青春女生的**活力**气质。

申筝奕看到尤勇齐拿上来的美食，便准备开启"**干饭模式**"了。

他们两个不约而同地无视了眼前的刀叉，直接

用手拿着蛋糕送进了嘴里。尤勇齐含糊不清地说："这么无聊的晚宴我一刻都不想待下去了。穿着这身西服，我感觉浑身都**不自在**。"

他又扯了扯领结，接着说："我爸说晚宴后，我们就可以在这随便玩儿了，再忍忍吧。"

申筝奕耸了耸肩，目光转向了正在神游的路建平："我倒是没什么，好歹这里东西还是很好吃的。你也别光顾着抱怨了，也学学咱们的化学家，安静地在这里坐着吧。"

莫名其妙被点名的路建平这才回过神来。他挑了挑眉说："宴会这才刚开始，主人还没出来呢，我看你们还是先做好**心理准备**吧。我说正义姐，我可没得罪你，别因为无聊就把战火往我身上引啊。"

申筝奕"切"了一声，没再说什么。

路建平皱着眉头看着圆桌上摆放的东西，都是蛋糕、巧克力、坚果之类的高热量食物。于是他一边站起身，一边笑着说："这一桌子的碳水化合物，勇哥你是真的不嫌腻呀。"

"碳水化合物？"尤勇齐**疑惑**地重复了一遍。

"碳水化合物，更准确点说是糖类，由**碳**、氢、氧三种元素组成，是自然界存在最多、**分布最广**的一类重要的**有机化合物**。"路建平随口解释道，然后看着两个人问，"我去拿点水果来，你们吃什么？"

"西瓜！""樱桃！"两个声音不分先后地响起。

路建平比了个收到的手势，随后慢慢地向水果区走去，正巧听到了几位客人在闲聊。

"你说这次云端度假村的开业会不会和下个月的招标有关系呀？"其中一个声音说。

"你看看这次来的客人，除了和李毅凯**关系密切**的，就是和环线开发沾得上边儿的。我看就算没有直接关系，肯定也有影响。"另一个声音说道。

"到了李毅凯这个级别，怎么可能干没有意义的事情，都是商场里**摸爬滚打**出来的。听说这次还邀请了赵志权，我看今晚不用叫开业晚宴了，叫'**鸿门宴**'还差不多。"第一个声音说道。

"应该不至于，李毅凯的风评一向很好，他的寰宇集团在商场上也一贯走合作共赢的路线，我看这次也许就是摸摸底吧。"第二个声音反驳道。

"**树大招风**，这次项目成功了就是**青云直上**，要是出点什么岔子……"路建平端着一盘西瓜正听得津津有味。谁知那两个闲聊的人说到这里便十分有默契地相视一笑，各自走开了。路建平摇了摇头，本来以为只是一场高规格的宴会，没想到还如此**暗潮汹涌**。

端着一盘申筝奕点名要的樱桃，路建平向三个

人的临时据点走去。

几米开外，路建平就看到了尤勇齐脸上那**拼命克制的激动神色**。看来不只自己听到了有趣的事情，两位小伙伴也"收获颇丰"。

果然，尤勇齐一边接过路建平手里的托盘，一边把头凑了过来，压低声音说："化学家，你猜我和正义姐听见什么了？"

路建平稍稍扬了扬头，看见申筝奕的眼神里也少见地带着一点激动，便**饶有兴趣**地笑着问道："有什么**惊天大秘密**，分享一下？"

尤勇齐悄悄地伸手指了指宴会厅中间被三五个人簇拥着的一位男士，说道："看见了吗？那人是赵志权！"

"赵志权？尚方集团总裁赵志权？"路建平看着他，回想刚才那两个人的话，便越发肯定了自己的判断。

这次宴会的主办人李毅凯是寰宇集团的总裁，

而赵志权则是尚方集团总裁。寰宇集团和尚方集团是H市最大的两家建设集团，各大媒体上经常出现它们的消息。在外人看来，两人属于**竞争关系**，可以说是**彻头彻尾**的"敌人"。赵志权能参加这场宴会，也不知道是什么原因。

"我倒是也听到不少消息。"路建平叉了一块西瓜放进嘴里，**慢条斯理**地说道。

"是什么？"尤勇齐好奇地问。

"这场晚宴好像和H市的环线开发有关系。"路建平把自己听来的消息飞快地共享给了伙伴们。

"尤叔叔没和你说什么吗？"申笨奕突然想起来尤达丹是较早接到邀请的几人之一，忍不住好奇地问尤勇齐。

"我爸很少跟我说他公司里的事情，否则像我这种藏不住话的人，有爆炸性消息还能不告诉你们吗？"尤勇齐嘴里啃着一个鸡腿**含糊不清**地说。忽然他好像又想起了什么，便**兴致勃勃**地说："不

过我听我爸爸说，这个环线项目非常重要，好像是建设的重点项目呢。"

正在这时，宴会厅的灯突然灭了。喧闹的大厅里也安静了下来，只见一道聚光灯打在了宴会厅前方的舞台一侧——这场宴会的主人公终于出场了。

路建平凝神细看，李毅凯身穿一套深灰色的修身西装，酒红色的领带上夹着镶有钻石的领带夹，同款袖扣在灯光的照耀下闪闪发光。面带温和笑意的他，却有一种不怒自威的气场。与他一同走出来的还有一位女士。她身穿银灰色的礼服，看上去十分典雅。她虽然也带着得体的微笑，却给人一种不容易亲近的感觉。

申笨奕凑到了路建平和尤勇齐中间，低声说："这是李毅凯的夫人苏秋羽，据说是 H 大学 IT 系的高才生。刚才听其他人议论，苏秋羽很少出席这种场合，今天倒是例外。"

路建平和尤勇齐一同转头，异口同声地感叹

了一句："正义姐，你怎么什么都知道呀！"

申筝奕用得意的语气说："这种消息随便听一听就知道了，而且依我看，这两个人的感情也没那么好。"

尤勇齐的眼睛忽然亮了起来。他赶紧追问道："你是怎么看出来的？"

你了解钻石吗？

钻石是金刚石经精加工形成的产品，是世界上最坚硬的、成分最简单的宝石。它由碳元素组成，是具有立方结构的天然晶体。钻石产量稀少，具有高度的折光特性，能折射出多彩的光泽。

离奇的火灾 2

筝奕把声音压低，分析道："你们仔细看，那两个人穿着打扮虽然是同色系，但是他们的身体却是下意识隔开的。我还注意到，苏秋羽和李毅凯有一些细微的肢体接触时，李毅凯都会下意识地避开。苏秋羽明显感觉到了他的远离，使用更强烈的**排斥**作为自己的**防御机制**，所以苏秋羽的性格一定非常高傲。"

"你们注意苏秋羽的表情。她眉毛下垂，嘴角紧抿。我旁听过我妈妈警队里的微表情讲座，这个表情说明她现在处在反感和抗拒的心理状态中。这夫妻俩，一个排斥对方的肢体接触，另一个一看就是**吃软不吃硬**的性格。他们的感情怎么可能会好？"申筝奕有理有据地分析完，回应她的却是一片寂静。

良久，听到尤勇齐结结巴巴地和路建平说话："化学家，我怎么感觉……正义姐有点可怕呢？"

路建平还没来得及说什么，宴会大厅的灯光突然亮了起来，原来是台上的李毅凯已经结束了自己作为东道主的致辞，并且宣布晚宴正式开始。

之前宴会厅内三三两两聚在一起的客人们**不约而同**地向大厅中央走去，每个人似乎都想在李毅凯面前刷一刷印象分。少年侦探团自然没有这种想法，他们**有一搭没一搭**地边吃边聊。路建平对之前申筝奕提到的微表情很感兴趣，正想详细问一问，却听见人群最密集的地方传来了一阵声音。

原来是一位客人在和李毅凯夫妇闲聊时，由于聊得兴起，动作大了一些，恰好打翻了旁边经过的服务生手中的托盘。托盘上的杯子倾倒下来，饮料

洒在了苏秋羽的礼服上。

苏秋羽因为这一突发情况变得有些**失态**，便和李毅凯以及周围的宾客匆匆说了一声失陪，表情僵硬地离开了宴会现场。

路建平觉得有些奇怪，一般来说，一位性格高傲、身份不俗的女士，应该不会允许自己的情绪外露得这么明显。

路建平的目光默默跟随着苏秋羽，发现在离开宴会大厅时，苏秋羽回头看了一眼。路建平顺着刚才苏秋羽回望的目光在人群中寻找，苏秋羽刚刚在看谁呢？会是李毅凯吗？他们两个人之间是不是还有什么其他的秘密？

路建平正在沉思，忽然被尤勇齐撞了撞肩膀，只听见他兴奋地说："狭路相逢勇者胜，你说他们俩相遇谁能笑到最后？"

路建平扭头看向场中，原来是赵志权离开了几个正在和他寒暄的人身边，向着李毅凯的方向走去。原本充满欢声笑语的宴会厅突然安静了下来。在场的无一不是在商界中摸爬滚打多年的人，此刻都在隐隐期待两大巨头碰撞出"火花"的情况发生。

可是赵志权似乎并不打算满足宾客们的好奇心，他伸手从西装口袋里掏出烟盒，朝李毅凯晃了晃，说道："李总要一起吗？"

李毅凯笑着摇了摇头，并伸出左手做了一个请的手势，说道："请便。"

赵志权从李毅凯的身边走过，径直离开了宴会厅。

"我爸爸上次跟我妈妈聊天时说，李毅凯的手里握着环线开发的项目。赵志权的尚方集团应该是

最有实力的承办方。看来赵志权并不打算低下他那高昂的头呀。"尤勇齐挠了挠头说道。

"有些人就是骄傲的性格。"申筝奕接过话头。

路建平摇摇头说道："是什么性格也和我们没关系，咱们就当**长长见识**，反正记得离赵志权远一点，省得吸二手烟把尼古丁都吸进肺里了。"

"电视上总说，尼古丁对身体危害很大。可是尼古丁究竟是什么东西呀？"尤勇齐好奇地问。

"尼古丁俗名烟碱。它是一种**有机化合物**，**有一定毒性**，对中枢神经系统有麻痹作用。"路建平面色严肃地解释道。

"所以说吸烟有害健康。"申筝奕**郑重其事**地点头总结。

正说着，刚才那个托盘被打翻的服务生急匆匆地从三人面前经过。他们都下意识地看向了这个一直在宴会厅里忙前忙后的身影。

申筝奕惊讶地"咦"了一声，路建平不解地看

向她，申筝奕指了指服务生的罩裙说："你看她的罩裙，蹭的是什么东西，**黑乎乎**的。"

路建平闻言仔细看去。只见她的衣服上好像有很多黑色的粉末，不像是灰尘，却也不知道究竟是什么。

宴会进行到一半，客人们几乎都已经和李毅凯见面并寒暄过了。这时，突然一阵高亢尖锐的警报声瞬间**划破了**宴会表面的**平静祥和**。

"是火灾警报！"申筝奕立刻反应了过来，并下意识地开始寻找毛巾和水，**以备不时之需**。参加宴会的商界精英们可没有申筝奕这种反应速度，他们先是愣了一下，紧接着便聚在一起，开始议论纷纷了。

申筝奕用柠檬水把餐布泡湿，分发给另外两个人说："拿着，如果势头不对，就捂住口鼻离开宴会厅。"

就在这时，度假村的管家急匆匆地从外面进来了。管家的银白色发丝在匆忙之下显得有些凌乱，但表情却依然镇定自若，这让他们三人暂时放下心来。

尖锐刺耳的警报声终于停了下来，管家在李毅凯耳边轻声说了几句。李毅凯微微点头，随即对着在场的宾客抱歉地笑着说："各位请放心，刚刚是三楼一间更衣室的电线短路，不慎失火，引发了一场小火灾。目前火情已经控制住了，请大家少安毋躁，我去去就来。"

得知是虚惊一场，客人们纷纷表示理解，宴会这边并没有受到波及。李毅凯面带感激地欠了欠身，随着管家先行离开了。

路建平几人对视一眼，尤勇齐大大咧咧地说："吓我一跳，还好没什么事儿，我可不想在这种台风天为了躲火灾去外面淋雨。别一不留神再把我

吹跑了。"

此时，路建平和申笨奕可没有尤勇齐这么乐观，他们**不约而同**地陷入了深思。申笨奕率先开口说道："我的直觉告诉我，这场火灾不太对劲，咱们要不要去看一下？"

路建平想了想，还是摇了摇头，说道："咱们三个本来就是蹭着尤叔叔的邀请名额进来的，这场宴会又比较敏感，我看咱们还是不要**轻举妄动**了，别给尤叔叔添麻烦。"

尤勇齐和申笨奕想了想，也都点点头表示认可。

"不去可以，讨论一下总没事儿吧，你们觉得这场火灾是电线短路吗？"尤勇齐**挤眉弄眼**地说。

"我觉得应该不是电线短路，毕竟云端度假村刚装修完，电路维修应该也是装修的重点呀。"申笨奕若有所思地说。

路建平也觉得这场火灾有点奇怪，于是加入了讨论："主要还得看看有没有造成什么损失，没有

目的的事情，再奇怪也只是巧合。"

申笑奕**深以为然**地点点头："不过，就算真的有损失，李毅凯也不会公开在宴会上说吧，咱们应该是没什么机会知道了。"

"你们没事吧？"尤达丹知道着火了，第一时间来找自己带来的三个孩子。看到他们没事，尤达丹这才**松了一口气**。

你了解微表情吗？

微表情，是心理学上的名词。瞬间闪现的面部表情，能揭示人的想法和情绪。人们在遇到某件事情时，自己的内心情绪通常会被一些无意识的表情表达出来。这种"微表情"最短持续 1/25 秒。虽然一个下意识的表情可能只持续一瞬间，却很容易暴露其当时的情绪。

资料失窃 3

　　"我们没事儿的，尤叔叔，您放心吧。"申筝奕笑着回答，尤达丹点点头，正要再叮嘱几句，却被麦克风的声音盖过了。

　　"各位嘉宾。"李毅凯的声音通过麦克风传遍了整个宴会大厅。尤达丹和路建平等三人中断了交谈。他们**循声望去**，原来李毅凯已经回到了宴会厅，正在宣布宴会继续。

　　"安全隐患已经排除，希望这场小意外没有打扰各位的兴致，请大家继续享受今晚的宴会。"李毅凯在众人**热烈**的掌声中举杯向台下致意。服务生已经取回了新的餐点，正在更换餐台的供应食物，一切都恢复了平静。

尤勇齐盯着李毅凯手中的酒杯，忽然问道："喝酒为什么会醉啊？"

路建平笑着说："勇哥，你的脑回路是怎么长的？怎么忽然想起来问这么个问题？不过你这个问题我可以回答。酒精在体内的代谢过程，主要在肝脏中进行。酒精进入人体之后，少量马上随肺部呼吸或经汗腺排出体外，绝大部分酒精在肝脏中先与乙醇脱氢酶作用，生成乙醛。乙醛对人体有害，它是一种有毒物质，会让人麻醉。"

"噢，原来是这样呀。我也是看到李毅凯举杯，突然想起我爸爸经常喝得醉醺醺地回家才问的。"于是他转向尤达丹说道，"爸爸，你听见没有，乙醛是有毒的物质，以后还是别喝了。"

"哈哈，你这孩子在这儿等着我呢。好吧，听你的，我以后少喝酒。"尤达丹刮了一下尤勇齐的

鼻子笑着说。

正在尤达丹考虑要不要让路建平三人先去休息的时候，李毅凯刚好走到了休息区附近。看到尤达丹，李毅凯举着杯子微笑着走了过来，目光在路建平三人身上停留了一会儿，**朗声**笑道："好久不见啊！尤总！这三位小朋友是？"

路建平吸了吸鼻子，眼神中闪过一丝**犹豫**。申筝奕早已经习惯了负责三人组的社交工作，于是她落落大方地**自报家门**："您好，这是尤勇齐，尤叔叔的孩子。这是路建平，我是申筝奕，我们是尤勇齐的好朋友。多亏有您提供的这个机会，我们才能跟着尤叔叔来**长长见识**。如果我们有什么做得不好的地方，还请李先生**不吝赐教**，毕竟能向您这样的成功人士学习，机会非常难得呀。"

申筝奕的一席话说得**不卑不亢**，不过让李毅凯感兴趣的却是另外一个关键信息。

"路建平？申筝奕？还有尤勇齐？原来你们就

是少年侦探团啊。我可是久闻你们的大名了！"李毅凯明显对三个人非常感兴趣，把尤达丹都抛在了一边。

路建平三人当然知道，凭之前那些零零散散的案子，并不足以引起李毅凯这样的商界名人的关注，不过他又确实说出了他们少年侦探团的身份。于是申筝奕和路建平飞速地交换了一下眼神。

申筝奕问道："李先生，您是怎么知道我们这点儿业余爱好的？我们对自己的这点本事还是很清楚的，不过都是些小打小闹，所以能给您留下印象真的让我们觉得十分荣幸。"

李毅凯哈哈大笑，对尤达丹说："你看，现在的小朋友们真是了不得。"

接着，他笑眯眯地回应申筝奕的问题："我有个相交多年的好友，你们应该认识，叫秦观。"

一提起秦观的名字，路建平三个人的脑海里几乎同时浮现出了一尊双目微闭、通体翠绿的翡翠卧

佛像，仿佛正泛着如水的碧色光芒。它是由一整块老坑玻璃种翡翠雕琢而成的。据秦观说，它已经有很多年的历史了。如果不是他们三人，秦观很可能永远地失去了这尊价值连城的传家宝。

那是去年暑假，路建平三人参加了夏令营。一天，他们在逛玉石集市时遇到了着急寻找丢失宝物的秦观。

也是机缘巧合，他们三人加入了追寻宝物的队伍，并通过缜密的分析使卧佛终于物归原主。秦观也因此和他们成了忘年之交。

万万没想到的是，当年偶然遇见的秦观，居然是李毅凯的知己。

路建平、申筝奕和尤勇齐都露出了恍然大悟的表情。难怪李毅凯会知道他们的"光荣历史"了。

李毅凯接着说："秦观说，别看你们小小年纪，却有勇有谋、胆大心细，是可以信任的朋友。我原本还以为他说得太夸张了，今天见到你们，我

27

发现他说得很有道理。"

申筝奕爽朗地笑了："能得到您的肯定，我们真是**受宠若惊**。上次也多亏了秦先生的信任，事情才算有个圆满的结局。我们要学习的地方还有很多，您再夸我们可就要骄傲了。"

李毅凯笑着点点头，然后好像突然想起了什么似的，抬起头朝会场四周望了望。很快，那位满头白发的管家就悄悄来到了李毅凯身边。

路建平听到李毅凯说："曾叔，今天晚上的药我忘记吃了，麻烦你帮我取过来吧。"

被称作曾叔的管家略一躬身，动作迅速而**优雅**地离开了宴会厅。

尤达丹站在旁边静静地听着李毅凯和三个孩子的对话。自己带来的孩子们能被这种**重量级**的人物肯定，他觉得很有面子。现在他们之间的谈话告一段落了，尤达丹开始和李毅凯聊起了商场上的事情。

没过多久，管家曾叔又一次**行色匆匆**地走了过来，凑到李毅凯身边耳语了几句。李毅凯听后**神色大变**，目光一瞬间犀利得可怕。虽然很快他就恢复了镇定，但敏锐的几个人都知道，有大事发生了。

李毅凯本来打算转身离开，却*迟疑*了一下，开口询问管家曾叔："天气预报中说，今天晚上有台风，现在情况怎么样了？"

曾叔低头回答道："已经开始刮台风了，可能还要一天才能恢复通行。"

李毅凯听完这句话，*沉思*了一会儿，然后像是*下定了决心*一样，转身看着路建平三人沉声说："你们应该已经知道了吧，H市环线开发的项目现在在我的手上。"

见到几个少年都点了点头，李毅凯继续说："下个月这个项目就要招标了，这份前期资料非常重要。如果泄密，不仅招标和工期都会受到影响，寰宇集团也会被划入到承建黑名单里，甚至要负法律责任。"

申笋奕*斟酌*着用词，开口问道："所以，这份

资料是丢失了吗，李先生？"

李毅凯沉默了一瞬，然后轻轻点了点头，说道："这份资料我一直锁在度假村一楼书房的保险柜里，剩下的曾叔你来讲吧。"

曾叔点头道："是，刚才我去给先生取药的时候，发现保险柜看起来不太对劲，走近一看才发现密码锁不知道被什么人破坏了。锁盘不见了，只剩下一个缺口。我知道先生的保险柜里放着这次的项目资料，便顺着缺口往里看去，只见保险柜早已经空了。**事关重大**，我只好用最快的速度来请先生**定夺**。"

李毅凯再次接过话题："现在唯一值得庆幸的是，这份项目资料我是用加密的 U 盘储存的，所以不能远距离传输，今天有台风，至少到明天之前，没人能离开云端度假村。"

"但是相应地，警方也无法到达现场，所以您需要我们的帮助，对吗？"路建平把李毅凯没有说完的后半句话补充完整。

"是的，我非常需要你们的帮助。等到台风过去，警方可以来到岛上调查的时候，也意味着偷走资料的人可能通过各种途径把资料带走，这是我承担不起的风险。"李毅凯坦然承认，他其实也抱着"死马当作活马医"的想法，现在只能寄希望于秦观对这三个少年的评价没有过分夸张。

才刚说完不要轻举妄动，结果东道主就来邀请自己和伙伴们参与调查了。路建平看向申筝奕和尤勇齐，从他们的眼睛里读出了自己想要的答案。

在征得尤达丹的同意后，他笑着向李毅凯伸出了右手："我们会竭尽所能。"

李毅凯也伸出了右手，两只手交握的瞬间，路建平听到李毅凯的声音传来："那就拜托三位小朋友了。"

"尤总，我向你借用这三个小朋友，你**不介意**吧？"李毅凯笑着问尤达丹。

"哪里的话，这三个孩子一听到有案子，眼睛都放光。也多亏了您这么信任他们，我怎么会有意见呢？"尤达丹赶紧说道，"小齐，你们几个好好查案，如果有危险，千万别~~逞强~~知道吗？我就不打扰你们查案了。"

"放心吧，爸爸！我们一定会注意安全的。"尤勇齐说道。

众人看着尤达丹走进了人群，便又把注意力拉回到案子上来。路建平**开门见山**地问道："李先生，如果度假村的监控在正常工作，您应该不需要这么

32

担心吧？"

李毅凯闻言点了点头，对路建平的**一针见血**表示肯定："没错，因为这段时间台风频发，监控线路坏了。我准备更换的设备还没有运到岛上来，所以我才这么着急。"

"你们有别的办法找到证据吗？"李毅凯问道。

"如果没有监控的话，我们就需要到**案发现场**实地勘查。"申笋奕想了想，对李毅凯说。

"还有，为了方便调查，我们还需要一个向导。"路建平补充道。

"没问题，这个度假山庄你们可以随意调查，只要能找到项目资料，我给你们一路'绿灯'！"李毅凯对三个小侦探说道。

"太棒了，有少年侦探团出手！一定会快速把小偷缉拿……"尤勇齐的话还没说完，就看到了路建平、申笋奕两人用锐利的目光瞪着他。于是他赶紧用双手捂住了嘴巴。

密码锁是什么?

密码锁是锁的一种，开启时用的是一系列的数字或符号。密码锁可分为机械密码锁和电子密码锁两种。

有些密码锁只使用一个转盘，转动锁内的数个碟片或凸轮即可；还有些密码锁是通过转动一组多个刻有数字的拨轮圈，直接带动锁内部的机械。

奇怪的烟头 4

路建平迅速地在脑海中**梳理**了一下今天晚上整个宴会的**时间线**，然后和小伙伴们开始了分析。

"咱们已经知道的前提是度假村没有正式开业，所以除了现场的人，并没有其他客人。后厨也和宴会大厅相连，所以包括服务生在内，所有人都集中在这片区域。"路建平说道。

"不，作为宴会的**东道主**，李先生本人可能会随时在书房等其他区域出现，这也是嫌疑人想要偷走资料，唯一需要避开的人。"申笔奕突然开口。

"那么这个嫌疑人，是怎么确定李先生不在书房的时间，然后完成作案的呢？"尤勇齐 下意识 地问出了问题的核心。

"火灾！"三人 异口同声 地说出了关键点。

这场火本来就来得 蹊跷，而一旦发生火灾，李毅凯作为度假村的主人和晚宴的发起者，一定要亲自去现场查看。如此一来，注意力被转移的李毅凯就一定不会出现在书房，嫌疑人也就有了充足的作案时间。

"这样范围就小得多了，"申筝奕轻轻地说，"只要能找到火灾发生之前，不在宴会大厅的人就行。"

"李先生，我们需要去起火的现场看一下，您看方便吗？"路建平看向李毅凯。

"可以，就在三楼，让曾叔带你们去吧，我刚才只是去确认了一下火灾的严重程度。因为还要赶回来继续晚宴，所以火被扑灭以后，现场暂时还没人动过。"李毅凯点了点头，看向了管家曾叔。

"调查期间，给这三位小朋友最高权限。曾叔你

来全程陪同吧，我先回去安抚一下晚宴的客人，稍后就来。"看到管家曾叔微微点头表示同意后，李毅凯接着说。

即便是**至关重要**的资料丢失，李毅凯仍然表现得**从容不迫**。路建平目送着他回到宾客中间，余光注意到之前出门的赵志权不知什么时候已经回来了。此时他正端着杯子接受众人的恭维。

"这边可以上三楼。"曾叔说着，指向了舞台旁边的大门，"由于参加晚宴的客人只有二十几位，所以宴会厅也只开了一个出入口。"申筝奕站在原地想了想，突然对路建平说："刚才我看服务生供应餐点，好像不是从这扇门进出的？"

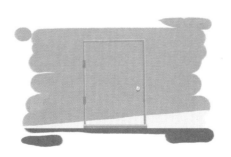

曾叔点了点头，指向了一扇隐形门，**言简意赅**地解释道："是的，后厨通过这扇门和大厅相连，所以他们一般都会走这扇门。"

路建平再次为申笺奕敏锐的观察力竖了个大拇指。几个人走了过去，**探头**看了看。后厨空间很大，分区鲜明。今天的晚宴是西式风格，人数比较少，酒水在大厅备好，后厨主要是冷盘、水果和甜点，备餐已经摆放得**整整齐齐**。这个时段几个服务生都在大厅等候差遣，后厨并没有人。在另一侧的墙上，有一扇小小的后门与这扇隐形门遥遥相对，估计是平时送原材料的时候使用的。后门前还放了个高高的置物架，如果不留意，悄悄地开关这道门很难被发现。

曾叔也不催促，只是在旁边静静地等着，倒是尤勇齐东张西望了一会儿，对还在仔细观察的两个人说："你们要是怕有人从这儿离开，就请曾叔把这扇小门锁上，咱们先去看看火灾现场吧。"

申笺奕转头看向尤勇齐，路建平更是伸手拍了拍

尤勇齐的肩膀说："勇哥，**士别三日，当刮目相看**。"尤勇齐翻了个白眼，对曾叔说："曾叔，后厨的门有办法先封起来吗？"

曾叔显然对这个要求感到有点意外，不过他略作思考，用对讲机呼叫了大厅的负责人，告诉他有特殊情况需要暂时封闭后厨，取餐时再和自己联系，随后把前后门都锁上了。然后他问三人小队："你们还有什么需要调查的吗？"

路建平和申筝奕摇了摇头，尤勇齐直接比了一个上楼的手势。

曾叔引导三个人穿过宴会厅。路建平从赵志权身边走过时，悄悄用鼻子深吸了一口气，然后才和伙伴们一起走向舞台旁边的出口。旁边就是楼梯，众人**拾级而上**。偏偏尤勇齐忘了自己今天穿的是修身西装，他习惯性地一步迈两三个台阶，结果裤子太紧绷，脚下一个不稳，往前跨了好几步。还好他平衡感一流，用手一撑，刚好撑在靠近墙边的地毯上。他又一用力

让自己站了起来，没把笑话闹得太彻底。

路建平和申筝奕早习惯了尤勇齐时不时就要出点小状况，看着他这一系列"险象环生"的动作，不禁都摇了摇头，见他没有摔着，就打算继续往上走。可是就在这时，尤勇齐却看着自己撑地的那只手开始抱怨："化学家，正义姐，你们有没有纸啊，他们这地毯也不知道多久没洗过了。你看我的手上，全是灰。"

尤勇齐的手上确实蹭了一些煤灰一样的黑色粉末，他刚想把这些粉末拍掉，路建平和申筝奕却同时喊了一声"停"。

申筝奕说："你手上这些黑东西，怎么看着这么眼熟？"路建平点了点头说："和刚才那个服务生裙子上的黑灰太像了。"

说完，路建平下意识地想翻书包，却在看到自己的西装袖子时愣住了。这时候，旁边递过来一副手套，还有一个自封袋。他顺势看去，只见申筝奕拎着自己的手包，得意地向他们晃了晃。

"看什么看？难道只许你自己有个百宝袋吗？本姑娘也准备得很周全好不好！"

"正义姐不愧是正义姐！"有了需要的装备，路建平**大喜过望**，迅速戴上手套，又小心翼翼地把尤勇齐手上残存的粉末刮进自封袋里保存好。

发现粉末之后，几个人都严肃了起来，路建平轻轻地问申筝奕："你的包里有鞋套吗？"

申筝奕挑起一边眉毛，带着**挑衅**的意味说："当然拿了，我可不像某些人，图省事儿什么都不带，案子发生了才一筹莫展。"

路建平难得因为这种原因被诟病，连忙举起双手表示"投降"。申筝奕这才放过他，从自己小小的手

包里像**变魔术似的**掏出几副手套和鞋套。她看了看管家曾叔又看了一眼路建平。

路建平接过手套戴好，又盯着尤勇齐"武装"完毕，然后对曾叔说："曾叔，一会儿我们调查现场的时候，得麻烦您在旁边看着点儿，所以手套和鞋套辛苦您也穿戴上。"

"好的。"管家仍旧没什么过多的表情，只是默默地穿戴好手套和鞋套，然后转身**一马当先**地继续向三楼走去。

尤勇齐挑了挑眉问："化学家，我是不是发现了什么了不得的线索了？我又立功了！"

路建平和申笨奕简直要被这个活宝气笑了，跟着曾叔继续向上爬，只给尤勇齐留下了两个"不想废话"的背影。尤勇齐把袖子一撸，也追了上去。

路建平和申笨奕每一步都**小心翼翼**，生怕错过了什么有用的线索。

上到三楼，空气中弥漫着布料燃烧后的呛人味道。

走到起火的更衣室附近，这种味道更加明显了。不过根据现场毁坏的痕迹来看，火灾程度应该很轻。

更衣室在三楼走廊左侧尽头。几人走到门口，申筝奕却没有进去，而是继续走到窗户旁边。路建平知道她多半是发现了什么，凑过去一看，申筝奕正**凝视**着垃圾桶上面的白色沙砾，于是他开口解释道："这是石英砂，是破碎石英石经加工形成的。石英是一种非金属矿物，具有**坚硬、耐磨、化学性质稳定**的特点。"

申筝奕摇了摇头，说道："你仔细看。"

路建平这才发现，在这个垃圾桶上面的石英砂中，还夹杂着灰白色的烟灰，因为颜色太过相近，所以他

一时没有注意到。

路建平沉默了一卜，然后伸手抽出垃圾桶的集烟盒。果然，里面静静地躺着两根烟头。

"左边这根和赵志权在宴会拿出来的那盒是一个牌子，右边这根是另一个牌子，所以应该有两个人在这里出现过。"申筝奕掩着鼻子，低头仔细看了看，对伙伴们分析道。

"那另外一个人，我应该知道是谁了。"路建平把烟头装进自封袋里，心里有了猜想。

"曾叔，可以麻烦您把李先生和赵先生一起请上来吗？"路建平礼貌地说。

"我们已经到了。"李毅凯标志性的浑厚嗓音从几人身后传来，"是有什么结果了吗？"

路建平回头，看见李毅凯和赵志权一前一后地走了过来。他们之间不仅没有任何紧张的气氛，反而看上去还很和谐。

申筝奕开口道："李先生，从作案时间上来看，

有纵火嫌疑的只有赵总和您的夫人。我们在更衣室门口发现了烟灰和烟蒂，其中一个烟蒂的牌子正好和赵总之前在宴会上拿出来的香烟牌子相同。"

"哦？所以你们觉得是我拿了环线开发的项目资料？"赵志权着问。

"当然不是，"路建平摇摇头说，"赵先生的嫌疑很早就被排除了。"

"排除了？为什么？"这次是李毅凯忍不住问问题了。

谜题

① 少年侦探团为什么要管家锁上后厨的门？

② 尤勇齐手上沾的是什么？

她的卷发棒 5

"第一是味道。虽然在宴会上您拒绝了赵先生，但是您从起火现场回到宴会厅后，我在您的身上不仅闻到了燃烧的糊味儿，还闻到了香烟的味道。在离开宴会厅的时候，我**特意**绕到赵先生身边，也闻到了燃烧的气味和香烟味混合的味道。"路建平指了指自己的鼻子。

听到这里，赵志权开始对眼前的这个小男孩儿有了一些兴趣。于是他把双臂抱在胸前说道："继续说下去。"

"第二是时间。您和赵先生离开宴会大厅的时

间是有重合的。在这种情况下，您和赵先生分别在火灾现场各自抽烟却没有碰面的**概率**太低了。毕竟火情受控之后没多久，您二位就先后回到了宴会厅，所以时间上也不太允许。"路建平接着说，"最有可能的推论是，火灾结束后，您和赵先生在更衣室门口一边吸烟一边完成了一次会面。当然，要证明这个推论，还需要对比一下您的香烟和我们在现场发现的香烟品牌是否一致。"

"既然赵先生和您一直在一起，他就必然没有可能同时出现在一楼书房拿到这个项目资料，您已经成了赵先生的**不在场证明**，我们的推测对吗？"路建平笑着看向两位商界**巨擘**。

李毅凯和赵志权对视了一眼，赵志权已经收起了脸上**不以为意**的表情。他沉默了一会儿，突然说道："真是**后生可畏**，你说的没错，今天这个宴会本来也是我和李毅凯放出来的一枚烟幕弹。我们已经谈妥二期项目的合作了，但是出于某些原因，

不能绑定得太明显。别看我们在外人眼里是敌对的竞争关系，其实我们现在是一荣俱荣、一损俱损的利益共同体。"

赵志权说到这里，看了一眼李毅凯，慢慢走到了路建平面前，语气真诚地说："如果资料真的泄露了，尚方也会受到很大影响。刚才李毅凯和我说这件事要交给你们处理，我还觉得他病急乱投医，现在我要收回我的傲慢与偏见了。这件事就拜托给你们了，真的非常感谢。"

说完，赵志权伸出右手。路建平笑了笑，伸手回握，算是接受了他的歉意。

排除了一个嫌疑人，又得知了一个足以震动H市商界的秘密，少年侦探团的信心越发高涨了起来。外面看起来没什么线索了，几个人进入了更衣室。

房间内天花板的一角已经被熏黑，窗帘被烧得所剩无几，再往下是一张矮桌，上面放着一个熔化变形的卷发棒，电线已经被烧没了，只剩下插座

上的插头还孤零零地留在那里。

申筝奕说："看起来很像是卷发棒忘了关，恰好短路引燃了窗帘，不过这是什么？"她有些疑惑地看向卷发棒口不远处的一小堆黑色粉末。

申筝奕屏住呼吸仔细地辨别了一会儿，然后肯定地说："这些粉末看起来和服务生裙子上的，还有勇哥刚才蹭到手上的东西很像。如果一样的话，这已经是这些粉末第三次出现了。"

路建平点了点头，自言自语道："黑色粉末、不能在空气中燃烧、火灾、卷发棒……"他总觉得有一根线把这些东西连了起来，却一时摸不到头绪。

尤勇齐站得远远的，对路建平说："化学家，你赶紧把这玩意儿收起来，我连大气都不敢喘，生怕给吹飞了。"

路建平回过神来，笑着点了点头，向申筝奕要了一个自封袋，把这些粉末收集了起来。

"卷发棒是夫人上来梳洗整理的时候用的，也许是她忘记关了。"曾叔看着路建平一直在端详那个烧毁了的卷发棒，忍不住解释道。

"怎么到处都是黑黢黢的？"尤勇齐探头抱怨了一句。

"这是由于碳物质不完全燃烧产生的黑色烟尘造成的。"路建平解释道。

"夫人现在在哪儿？"这次提问的是申筝奕。

"在四楼卧室。"管家曾叔回答。

申筝奕本来已经准备离开了,闻言又退回来一步,再次开口:"我进来的时候看了导览图,没记错的话,二楼是客房,三楼是休息大厅,四楼是贵宾区,李先生的主卧应该在不对外开放的五楼?"

"您的记忆非常准确。"曾叔回应。

"你们的夫人,不和李先生住在一起吗?还要在三楼的更衣室梳妆整理?"申筝奕开门见山地问。

"这是先生和夫人的私事,恕我**无可奉告**。"曾叔第一次拒绝回答他们的问题。

申筝奕了然地**挑了挑眉**,拿出手机编辑了一条短信发了出去。这对夫妇的相处模式太奇怪了,她要向别人打听打听。

几个人离开更衣室的时候,李毅凯还在外面等。赵志权应该是为了避嫌,已经先回到宴会大厅了。申筝奕笑着问:"李先生,方便带我们去见见苏阿姨吗?"

李毅凯迟疑了一下，但应该是考虑到资料的重要性，还是点了点头。

在几个人上楼的过程中，申筝奕的手机突然响了，她低头看了看短信内容，轻轻地问李毅凯："这样问可能有些冒犯，不过李先生，刚才说到嫌疑人只有赵先生和苏阿姨两人。现在赵先生已经被排除了，那么就只有苏阿姨这个嫌疑人了，可是您为什么没有一点难以接受的样子呢？"

李毅凯的脚步忽然停顿了一下，声音听起来有些闷："如果真是她的话，我不怪她。"

申筝奕听见这话，和身后的两个小伙伴交换了一下眼神。看来，一些秘密就要被揭开了。

站在苏秋羽的卧室门口，李毅凯犹豫再三，才轻轻地敲了敲门。里面的人好像已经等了很久一样，很迅速地打开了门。

开门的正是苏秋羽。已经换了一身礼服的她见到门口这么多人，好像并没感到意外，只是抿着嘴

冷冷地笑了一声，就转身进了房间。

申筝奕作为一行人里唯一的女孩子，跟着进了门，多少缓解了一些尴尬。

"苏阿姨好，我是申筝奕，他们是我的伙伴。这么晚来打扰您，主要是想问一下关于三楼火灾的事情。"申筝奕笑着开口。

"我听到警报了，可火灾和我有什么关系吗？"苏秋羽拒人于千里之外的态度表现得很明显。

"从现场来看，很有可能是卷发棒忘记关而引发的短路。我想问问您是否记得当时的情况？"申筝奕说。

"关上了，我是程序员出身，因为工作特点有强迫症，这种事情不可能忘记。我虽然没收起来，但是一定会关上开关的。"苏秋羽平静地说。

"苏阿姨，我知道您是H大学IT系的高才生，也知道您当初自己创办的网络科技公司，在整个H市都赫赫有名。那家公司还帮助寰宇集团解决了

几次重要的网络危机，这也是您和李先生缘分的开始，对吧？"申筝奕笑着对苏秋羽说。

苏秋羽**冷冷地**看向申筝奕："你调查我？"

"我只是在想，您付出了这么多，结婚后放弃了自己的事业，做了李先生的贤内助。十几年过去了，自己的爱人却突然提出要离婚。这会不会让您**因爱生恨**，想要报复李先生呢？这个项目对李先生如此重要，如果项目资料在这么关键的时候不见了，想必李先生一定会损失惨重吧。"申筝奕的语气越发真诚，说出的内容却让人越听越惊讶。

苏秋羽并没有被激怒，只是**挑了挑眉**，想说什么，却摇了摇头。

倒是李毅凯先略微吃惊地看向申筝奕，随后又有些难堪地对苏秋羽说："离婚这件事是我对不起你……"

苏秋羽却出声打断了他："不必**假惺惺**地感动自己了，不用你提醒我过去有多蠢，也不用你提醒我当年放弃的那些换一个你有多不值得。这二十年来我没有一天不后悔嫁给了你！离婚协议我早就签好了，至于你的项目资料，也是我拿的，就放在梳妆台的抽屉里，你自己去拿吧。"

李毅凯一时之间有些措手不及。他沉默许久，还是走了过去。拉开抽屉，一个小巧的银灰色U盘端端正正地放在离婚协议书上，房间里顿时鸦雀无声。

申筝奕虽然觉得有些沉重，但是找到了U盘也算完成了今晚的任务。她松了口气看向路建平，却发现对方的眉头依旧紧锁着。

为什么味道会扩散？

　　因为物质分子在永不停息地无规则运动，这就是分子的热运动。温度越高，分子的无规则运动越剧烈，扩散现象越明显。

药箱的秘密 6

这时，李毅凯的声音传来："为什么呢？秋羽……这个U盘还是你送给我的，里面的加密程序是你亲自编写的，就连我书房的保险柜也是你亲手设置的密保程序。我们怎么就走到今天这种地步了呢？"

苏秋羽**双眼通红**，露出了一个**似笑非笑**的表情。她轻轻地说："这就是命。"

事情好像已经很明显了，苏秋羽对李毅凯因爱生恨，偷走了项目资料。但路建平就是觉得哪里不太对。

路建平突然开口打破了寂静："李先生，刚才您说书房保险柜的密保程序是苏阿姨为您编写的，是吗？"

李毅凯反应了一下，然后有些痛苦地点点头。

申笋奕却愣住了，她清楚地记得，管家曾叔说过，保险柜的锁是被破坏掉的，如果是苏秋羽，她根本不需要采取这样的暴力手段！

那么，她为什么不为自己辩解呢？在她房间发现的这个 U 盘，里面装的又是什么呢？

电光石火之间，申笋奕突然想起刚才手机上被她忽略掉的一条信息：苏秋羽大学时期曾经在一次国际网络技术大赛中，因破解了病毒代码获得了冠军，并因此一战成名。

申笋奕看向路建平，把手机里的信息放在他面前。路建平同样在一瞬间把所有事情串联了起来。他看向申笋奕，缓缓点头。

申笋奕的声音略带着颤抖："苏阿姨，U 盘里，

是病毒吗?"

申筝奕的话音刚落,苏秋羽的目光就**如同刀子一样**射了过来。但是没过几秒,她又缓和了表情,缓缓地说:"果然是命。"

"这次你猜对了,这个 U 盘里确实是病毒,叫'前尘',应该算是我送给他的最后一份礼物。那个 U 盘是我送他的,我自然还有个一模一样的。我本来想趁着今晚用'前尘'把他的项目资料换了,让他也体会一下全部心血**化为乌有**的感受。只不过先是失火,后又有人抢先出手把他的资料偷走了,这才打乱了我的计划。我以为不会有机会了,结果你们送上门来,让他认为这就是丢了的资料。绕了一圈,我原以为终于可以**如愿以偿**了,没想到还是差了一步。"

李毅凯的脸上罕见地出现了一丝茫然,他**身心俱疲**,紧握着手里的 U 盘,一时无言以对。

苏秋羽闭眼叹了口气,再睁眼时仿佛卸下了什么重担:"把我的 U 盘放下,拿着你的离婚协议书

离开，从此以后我们**桥归桥**，**路归路**，再无**瓜葛**。我还要感谢这几个小朋友，要是真为了你毁了我自己，那才是真的后悔无门呢。"

李毅凯有些**失魂落魄**地向门口走去，一不留神撞到了柜子，一个玻璃杯掉在大理石的台面上。尤勇齐站得最近，下意识地护住了旁边的申筝奕和路建平，却忘了自己的衣服袖子很短。碎片划过，一道血痕**骤然**浮现在手臂上。

曾叔看见这**乱七八糟**的局面，叹了口气说："先生，您先和几位朋友去楼下处理伤口，这边交给我吧。"

李毅凯点点头，带着路建平三人下楼了。

临出门的时候，路建平像忽然想起了什么，和曾叔要来了楼下的钥匙。而李毅凯下意识地回头看了一眼苏秋羽，只见她一个人站在落地窗前，留给他一个**倔强**的背影。

一路上，路建平和申筝奕又是担心又是内疚，偏偏尤勇齐这个没正形儿的还在**插科打诨**。好在

伤口并不深，只需要进行简单的消毒处理。

回到宴会厅，李毅凯让人去拿医药箱，其中一个服务生突然**自告奋勇**站了出来。

只见她对李先生说："先生，还是我去拿吧。"

李毅凯闻言回头看了一眼："阿芳？"阿芳平时是个不怎么爱说话的人，李毅凯对她的**主动请缨**感到有些意外。

似乎是怕李毅凯拒绝，阿芳有些着急，再次出声解释道："中午我的手臂受伤了，去医务室拿过一次医药箱，我怕别人找不到放在哪里，耽误客人处理伤口。"

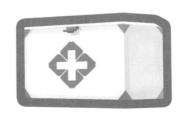

在她第一次出声的时候，申筝奕就抬头看了一眼，然后对路建平耳语："这就是那个裙子上有黑

色粉末的服务生。"

随后她又有些疑惑地说："我还以为她有问题。奇怪，如果真的是她，这个时候应该尽量避免**引人注意**才对。"

路建平听到这句话，也赞同地点了点头说："除非有比隐藏自己更重要的东西。"

尤勇齐没好气地翻了翻白眼说："我觉得不用拿医药箱了，你们再猜一会儿我就痊愈了。"

话音还没落，申筝奕和路建平同时喊出了声："医药箱！"

这一嗓子喊出来，最先变了脸色的果然是那个阿芳。路建平来不及细想，连忙对李毅凯说道："李先生，阿芳有重要嫌疑，麻烦您先让保安把她控制住。"

李毅凯赶紧示意曾叔先把人控制住，然后**果断地**叫来了保安。此时大厅里还不知道资料失窃的众人不清楚这边究竟发生了什么事，于是都**凑过来**看。

申筝奕早就背下了导览图，这会儿和伙伴们交代了一声，直接去医务室取回了医药箱，交给了路建平。

路建平打开医疗箱，一眼就看到了医药箱中除了几种常用药之外，还有小半瓶熟悉的黑色粉末，旁边是少了一半的脱脂棉。

看到这几样东西，路建平**豁然开朗**。他先把生理盐水和碘伏棉签递给申筝奕，然后**叮嘱**道："先用生理盐水冲洗一下，再用碘伏消毒就好了。"

尤勇齐说："能不能不用碘伏？那个颜色太难洗了，我可是男子汉，生理盐水冲冲就够了。"

路建平耐心地和他解释："**碘伏是利用碘使病原菌蛋白变性，从而破坏它们的结构，达到消毒的目的。它和生理盐水的作用不一样，为了安全起见**，还是要消毒得彻底一点。"

李毅凯虽然**心急如焚**，但还是耐着性子问道："你说阿芳有嫌疑？我的资料是被她拿走了吗？"

阿芳一边哭一边说："你们冤枉人。"

路建平没有理会她，而是疑惑地自言自语："会在哪儿呢？"

谜题

③ 路建平为什么向曾叔要来了后厨的钥匙？

④ 阿芳为什么要去拿医药箱？

割伤的手臂 7

这时，申筝奕也处理完了尤勇齐的伤口，走到路建平旁边说："化学家，我和勇哥想去看看书房的保险箱。"

路建平被这么一提醒，也**回过神来**，他说："勇哥，你胳膊有伤，就不用去了，我和正义姐去看看，你帮我们盯着医药箱，谁都别动。"

尤勇齐一个敬礼，结果疼得**龇牙咧嘴**，嘴里还不忘说："保证完成任务。"

李毅凯主动在前面带路。

书房在走廊的最右侧。走着走着，申筝奕忽然指着墙面一处**微不可察**的接缝说："这就是宴会厅和后厨的暗门吧？"李毅凯看了一眼，点点头。申筝奕惊叹了一声："这扇门离书房好近啊！"

路建平却突然愣住了，他**欣喜若狂**地说："正义姐！你观察力也太强了，我知道少的那个东西在哪里了！等我一下！"说完，路建平掏出向曾叔借的钥匙，匆匆忙忙地往后厨跑去。

过了一会儿，路建平拿着一个装着白色晶体的小罐子走了出来，对申筝奕笑着说："要不是你，我还不知道去哪儿找这个东西。走吧，咱们去书房**把最后一块拼图拼上。**"

申筝奕对路建平卖关子的行为**见怪不怪**。到了书房门口，李毅凯还是在外面等待，路建平和申筝奕穿戴好手套、鞋套进了书房。保险柜确实像曾叔说的一样，整个锁的位置被腐蚀了，只留下一个坑坑洼洼的洞。外围有一些奇怪的絮状物，里面已经**空空如也**。

　　路建平看见絮状物，顿时变了脸色，他对申筝奕说："阿芳用了水银，汞蒸气有毒，找李叔叔帮忙借一下防护面罩。"

　　李毅凯找来防护面罩后，他开始寻找地上有没有残留的水银液滴。两个人绕着保险柜仔细搜寻。果然，申筝奕在地板接缝里发现了一些银色的小球。路建平向申筝奕要了一条胶带，在地上粘了几下，然后小心翼翼地把银色小球装进了自封袋里并进行密封。

　　路建平本来打算开窗通风，申筝奕赶忙拦住说："外面刮台风呢！你让李先生打开换气系统就行了。"

　　"对。"路建平连忙点头，两个人和李先生说明了情况，一起回到了宴会厅。

　　路建平掏出刚从后厨找到的装着白色晶体的罐子，又从申筝奕那里要来了三个装着证据的自封袋，连同只剩一半的脱脂棉，和医药箱里找到的瓶子一字排开，诚恳地问阿芳："是你自己说，还是我来说？"

此时，阿芳愁眉苦脸地站在众人面前。当听到路建平的话时，她的眼泪马上掉了下来。路建平无奈地比了个停止的手势，说道："算了，还是我来说吧，正义姐，麻烦你帮我看看阿芳的胳膊是不是真的受伤了。"

阿芳的右胳膊上确实缠了两圈绷带。申笋奕没管阿芳的挣扎，直接把绷带拆了下来。别说割伤的痕迹，她的皮肤就连磕碰也没有。

申笋奕一甩马尾辫说："看来受伤就是她想把证据藏在医药箱里的借口，只不过勇哥意外受伤，她的狐狸尾巴藏不住了而已。"

路建平点了点头，指了指面前的物证说："这些就是她用来制造不在场证明的方法，用化学反应的时间差延迟燃烧发生的时间。这种脱脂棉，温度高一点，再加上充足的氧气，就足以燃烧，因为燃烧的三要素是可燃物、助燃物和着火点。增加热量和制造氧气这两步，就是阿芳真正用来改变

时间的部分。"

申筝奕想了想问："增加热量，是用了卷发棒？

路建平肯定地点点头："对，卷发棒的高温使脱脂棉燃烧，为了让火势蔓延，阿芳还制造了氧气。"

"那制造氧气又是用了什么？"尤勇齐问。

路建平指着装有白色晶体的罐子："**这是氯酸钾，在二氧化锰的催化作用下，用卷发棒进行加热，就会分解出氧气**。氯酸钾在 400 ℃会分解产生氧气，有了二氧化锰作催化剂，240 ℃就足够了，刚好在卷发棒的温度范围内。"

申筝奕恍然大悟："那个卷发棒是苏秋羽忘记收的，既能延迟案发时间，又能嫁祸别人，好一

招**一石二鸟**！"

路建平补充道："二氧化锰作为催化剂，在反应前后质量和化学性质不会发生改变，所以桌子上什么都烧没了，但是这一堆二氧化锰还在。"

申筝奕也捋清了思路："等到李先生被火情吸引去三楼的时候，阿芳就从后厨的后门溜到书房完成了偷窃，之后又回到大厅伪装成供应餐点。"

谜题

⑤ 为什么路建平不停提醒李毅凯要开窗通风？

⑥ 为什么火灾结束，二氧化锰仍然存在？

真相大白

8

路建平点点头，指了指装了胶带的自封袋说："我也觉得是这样，至于保险柜，它的整体材质都很结实，偏偏只有锁的部分是铝制的。正义姐找到了残留的汞，我想你肯定是收集了一些水银，用钢丝球磨掉锁盘上的氧化膜后，再用注射器把水银滴在铝上，利用汞在室温下能溶解固体金属的特性，把锁盘破坏掉的。"

李毅凯听得入了迷，直到这时才反应过来，神色冷厉地问："阿芳，你把项目资料藏在哪里了？"

阿芳的脸色十分难看。她的嘴唇干裂得吓人，

张合了几次，还是没有发出声音。

尤勇齐对路建平讲的化学反应十分动心，他戴好手套拿起了装着氯酸钾的罐子，对着灯光翻来覆去地查看。忽然，尤勇齐的动作顿住了，他**神色古怪**地说："我想我知道 U 盘在哪里了。"

装着氯酸钾的罐子被他横着**攥在手里**，灯光下，白色晶体中露出了银灰色 U 盘的一角。

众人**面面相觑**，申笙奕最先反应过来。她说："阿芳从书房出来，肯定也是原路顺着后厨的门返回。宴会厅人太多，不论放在哪里都有被发现的危险。U 盘又很小，单独放着很容易被弄丢。放在身上，对作为需要招待客人的服务生阿芳来说，也很不方便，所以她就直接藏在这个罐子里面了！"

尤勇齐把这个"意外之喜"递给李毅凯。路建平笑着说："**完璧归赵，幸不辱命**。"申笙奕和尤勇齐冲过来扣住了路建平的脖子。三个人笑得腼腆，但**神采飞扬**。

李毅凯握着**失而复得**的珍贵资料，只觉得今天发生的一切，哪怕对他的强大心脏来说都是一种冲击。参加晚宴的宾客就更不用说了，他们甚至直到最后U盘出现，才知道自己的身边还上演了这么一出**惊心动魄**的"度假村奇遇记"。

而尤达丹作为"侦探家属"，整个人也享受了一把**众星捧月**的待遇。

在铁证面前，阿芳也只能老实交代事情的前因后果。

原来，她是李毅凯的老对头派来的。他们通过自己的人脉网知道了环线开发的项目，自知不能通过正当途径公平竞争赢过李毅凯的寰宇集团，就开始挖空心思想这些**旁门左道**。

台风结束后，一切**尘埃落定**，大家都返回了H市，阿芳和背后指使她的人也都得到了应有的惩罚。

李毅凯和他的寰宇集团在环线开发的项目上**大放异彩**。赵志权和尚方集团的加入更是让他如**

78

。

关于那年度假村的奇遇，仍然是他们谈天说地时最爱回忆的往事。

"水银体温计裂了怎么办?

首先戴上手套和口罩，用卡纸或其他工具将细小的水银珠聚集成较大的水银珠，然后放进装满水的容器中进行液封，避免其挥发。收集到的水银应该交给相关部门处理，不能直接扔进下水道或者垃圾桶。此外，还应注意通风，尽量减少水银对人体的伤害。

几年后……

又是一场大获成功的新品发布会，苏秋羽做完产品讲解之后，就直接离场回家休息了。如今，她的染羽科技已经成为最热门、最高端的代名词。

回到家里，苏秋羽舒舒服服地泡了个热水澡，打算给自己放三天假，再进行下一波的工作。

忽然，她的目光被床头柜上的一个小摆件吸引了。那是一个透明的正方体，里面悬浮着一个小小的银灰色金属块——一个U盘。对苏秋羽来说，这也代表着她前尘往事的缩影。

是从什么时候开始重获新生的呢？大概就是她决心和自己的前夫结束一切的那一天。如果不是那几个少年，她可能会一直在牛角尖里钻出不来。现在想想，错了有什么关系？走过一条错误的路，就离正确的路更近了一步啊！

苏秋羽笑了笑，那次之后，她彻底释怀了。她一步一步地走到今天，终于明白爱自己才是最强大的力量。

那个银灰色的U盘在落日的余晖下闪烁着耀眼的光芒。

解谜时刻

1 少年侦探团为什么要管家锁上后厨的门？
怕阿芳溜进去销毁证据。

2 尤勇齐手上沾的是什么？
二氧化锰。

3 路建平为什么向曾叔要来了后厨的钥匙？
项目资料和一部分化学试剂在后厨。

4 阿芳为什么要去拿医药箱？
想拿走医药箱内的化学试剂。

5 为什么路建平不停提醒李毅凯要开窗通风？
因为汞易挥发，汞蒸气对人体有害。

6 为什么火灾结束，二氧化锰依然存在？
因为二氧化锰是催化剂，化学反应前后它的质量和化学性质不变，所以在火灾结束后依然可以看到。

图书在版编目（CIP）数据

化学侦探王．度假村奇遇记 / 吴殿更著．-- 长沙：湖南教育出版社，2023.11（2024.3 重印）

ISBN 978-7-5539-9875-6

Ⅰ．①化… Ⅱ．①吴… Ⅲ．①化学－青少年读物 Ⅳ．① 06-49

中国国家版本馆 CIP 数据核字（2023）第 213326 号

化学侦探王·度假村奇遇记

HUAXUE ZHENTAN WANG · DUJIACUN QIYU JI

吴殿更　著

总　策　划：石叶文化
策划组稿：胡旺　殷哲
出版统筹：朱微　谢觊颖
封面设计：曹柏光
特约编辑：卫世敏　杨帅
责任编辑：陈敏卉　谢觊颖
责任校对：殷静宇
出版发行：湖南教育出版社（长沙市韶山北路 443 号）
网　　址：www.hneph.com
微 信 号：湖南教育出版社
电子邮箱：hnjycbs@sina.com
客服电话：0731-85486979
经　　销：全国新华书店
印　　刷：唐山富达印务有限公司
开　　本：880 mm×1230 mm　32 开
印　　张：27.50
字　　数：400 000
版　　次：2023 年 11 月第 1 版
印　　次：2024 年 3 月第 2 次印刷
书　　号：ISBN 978-7-5539-9875-6
定　　价：198 元（全 10 册）

如有质量问题，影响阅读，请与承印厂联系调换。